选择流浪

一个给你前行勇气的心理故事

[意]托诺·佩蒂纳托 著

秦涯 译

台海出版社

北京市版权局著作合同登记号：图字 01-2023-0715

图书在版编目（CIP）数据

选择流浪：一个给你前行勇气的心理故事 /（意）托诺·佩蒂纳托著；秦涯译. -- 北京：台海出版社，2023.5

书名原文：Chatwin: Gatto per forza, randagio per scelta

ISBN 978-7-5168-3534-0

Ⅰ.①选… Ⅱ.①托…②秦… Ⅲ.①心理学—通俗读物 Ⅳ.① B84-49

中国版本图书馆 CIP 数据核字（2023）第 061176 号

选择流浪：一个给你前行勇气的心理故事

著　　者：（意）托诺·佩蒂纳托　　译　　者：秦　涯

出 版 人：蔡　旭　　封面设计：仙　境
责任编辑：赵旭雯

出版发行：台海出版社
地　　址：北京市东城区景山东街 20 号　　邮政编码：100009
电　　话：010-64041652（发行，邮购）
传　　真：010-84045799（总编室）
网　　址：www.taimeng.org.cn/thcbs/default.htm
E-mail：thcbs@126.com

经　　销：全国各地新华书店
印　　刷：三河市嘉科万达彩色印刷有限公司
本书如有破损、缺页、装订错误，请与本社联系调换

开　　本：880 毫米 ×1230 毫米　1/32
字　　数：120 千字　　印　　张：5.75
版　　次：2023 年 5 月第 1 版　　印　　次：2023 年 5 月第 1 次印刷
书　　号：ISBN 978-7-5168-3534-0

定　　价：59.80 元

送给每个在外漂泊的奋斗者

由此 ▲ 打开
有机食品
寻猫启事
牛奶
你有见过我吗？
如有线索请拨打
1555

“我又重回黑暗 / 无法回到过去 / 我们假装能够回到家 / 然而一切已成定局。”

——拱廊之火乐队

“我认为每一个体面的人都应该离家出走。”

——弗里兹·朗[①]

① 译者注：弗里兹·朗，出生于维也纳的德国人，知名编剧，导演，一生颠沛流离。因其贡献而常与希区柯克、卓别林等人并列于电影百人之列，被认为是电影史上非常具有影响力的导演之一。

目录

推荐序

勇于当一只“选择流浪的猫”

复旦大学人文学者　梁永安

最近，朋友送给了我一只公猫，是一只英国银渐层。给他取了一个名字：普利茅斯。

为什么叫这个名字？因为1620年9月6日，一群英国人从英格兰普利茅斯启航，驾着“五月花号”帆船前往美洲新大陆。当年11月21日这条船抵达美国东北海岸，后来将这个地方也命名为普利茅斯。朋友送来的这只小公猫是英国种，漂洋过海，也算是小“移民”。更重要的是，“普”与“捕”发音相近，“茅斯”发声又酷似英文老鼠一词“mouse——捕老鼠”，这不正是猫族的本职工作吗？

当然，养在家里的这只“普利茅斯”没有任何老鼠可抓，他主要的生活就是向主人寻宠，大眼朝天等候主人撸他。他每天享受着美味的猫粮，过得舒舒服服。这让人想起猫与人相处的历史。大概一万年前，人类社会逐渐向着农耕与定居的形式发展，粮食逐渐多起来。储存粮食最头疼的事情就是老鼠，成群结队地来偷吃。怎么办呢？这时候猫来了，猫喜欢吃老鼠，而人类生活的地方有了大批老鼠，顿时变成了猫的捕捉目标，猫就跟人类混到了一起，结成了亲密伙伴。渐渐地，猫和人类相互弥补，共存共生。

也就在这个时期，人类将一些狼驯养成了狗，变为人类打猎、看家护院的好帮手。但猫和狗有很大的不同。看家护院并不是狗原来的习惯，他是通过看家护院来换得人类的喂养。也因为长期的喂养，狗深深地依赖人类，慢慢地被驯化。但猫捉老鼠是本来的习性，并不是跟人在一起才捉老鼠，所以猫和人的关系一开始就是合作，互相需要。猫并不依赖人，还是有自己的野性。大概 9 年以前，美国华盛顿大学有一个专门研究猫的小组，他们测试了猫的基因库，发现在长达一万年的历程中，猫类数目庞大的基因库中，只有 281 个发生了变异。这变异了的基因的主要功能，是让猫咪本能地向人卖萌，换取人类无限的溺宠，将人类变成猫的“铲屎官”。从这点上看，猫很聪明，他们巧妙地主导人类，给自己营造了舒适的“猫生”。

然而，一旦有一只猫突然产生了反向思维，他从本性中发现自己当下生活的荒诞，看到自己“家养宠物”的软弱形象，那会发生什么事儿？这正是这本《选择流浪：一个给你前行勇气的心理故事》的精彩内容。

这本图像小说的作者是意大利著名漫画家托诺·佩蒂纳托。书的情节并不复杂：一只名叫查特温的猫每天吃吃喝喝，跟小主人玩耍，悠然自在。忽然有一天，他在男主人的书房里看到了很多书，其中一本是19世纪进化论学者赫胥黎的《众妙之门》。他读了很多书之后才知道，原来这个世界很宽广，自己的祖先生活得那么自由，而自己的日子太狭窄，只不过是个家养宠物。他顿时不安定了，觉得自己这种活法特别荒诞、无意义。他想重新成为一只原始的猫，恢复自由的本性，去更大的世界探险。于是查特温决定离家出走，抛弃安逸的生活。

出门的时候，查特温带了一些在男主人书房里找到的地图，他想象的外部世界特别精彩，是无限的自由天地。可是他出门不远，就遇上了两只坏猫，一下子抢走了地图。这让查特温既震惊又悲伤。后来他走到城市里，又遇到了各种更凶狠的家伙，形形色色的动物都在排挤他，行人踢他，别的恶猫抢劫他，日子过得简直昏天黑地。这个世界和他想象的太不一样，他觉得自己就像狄更斯所写的长篇小说《雾都孤儿》里的流浪孩子，无依无靠，备受欺凌。他后来被一个貌似善良的女人带回家，但这女人是个恨世者，她想把查特温控制在身边，甚至做成标本，消解自己的孤独。查特温不愿丧失自由，赶紧离开了她。

孤苦的查特温夜里流落在城市公园的黑暗角落，他很伤感，他在公园遇到很多流浪的动物，大家都在控诉人类利用动物，利用完了就抛弃街头，完全是按照自己自私的需要，而不会考虑动物的感受。查特温越来越明白，这个世界其实有很多很多问题，造成了很多很多苦痛，自己在流浪中体会到独立生存的艰难。他该何去何从呢？大街上到处贴着查特温的主人寻找他的启示，他是不是应该回去呢？回去会有不愁温饱和风雨的安逸日子，但却会失去宝贵的自由和他期待的更多的“猫生”的可能性。查特温此时才发现自己是一个自愿的流浪者，而别的流浪动物都是被迫的。他是一只不一样的猫，要不要放弃内心的“不一样”，回到“家养宠物”的习惯位置上？

查特温犹豫万分，但最后他还是做出了伟大的决定：打破猫类生存法则，继续行走在自由的路上。

他发现自己已经看到了这么大的世界，就再也回不去了。前方能抵达什么地方？查特温想过：也许永远到达不了心中的香格里拉，但看到了一路的风光，有了属于他自己的经历和遭遇，才是独特的生活价值。他甚至还懂得了古老的希腊哲学：世界就是伴随着不断的变化，人不能两次踏入同一条河——赫拉克利特的箴言，道出了自由生活的冷暖。生命的本质就是自由，好猫要做自己的主人，永远不当受制于人的奴隶。

这本图像小说，讲述的是查特温奔向自由的“猫生”，隐喻的却是千千万万的人类生活，画出了人类精神与物质世界的矛盾处境。其实我们每个人都想有自由，却又想风调雨顺。但是自由和平稳实际上并不和谐，你想自由，必然要经受各种颠沛流离，你想安逸，可能又丧失自己的自由。我们到底如何选择？

这本书的价值，不是告诉你一个封闭式的答案，而是让你自己想了又想，深深体会人生的悖论，发现内心的自我矛盾。我们该如何走通有意义的人生之路？这不是一件简单的事情。这本书要焕发人的“猫性”，在青春的时候勇于当一只“选择流浪的猫”，看看世界，去体尝，去撞击，去思考。这本图像小说看起来色彩很活鲜，但内涵非常严肃，画出了独特生命的难解，又给人不畏风险的勇气。这本书打开了我们真诚的向往，让我们警惕，告诫自己不要随大流，要有一种必须承受所有的困苦，也要活出真实的自己与生命意义的决心。如同这本书中的查特温，最后他有了这样一个决定：人生要像打开了前照大灯的汽车，劈开黑暗，无所畏惧地向前。

欲戴王冠，必承其重。这是强有力的人生哲学，也是这本书带给读者的精神呼唤。

寻找“香格里拉”的查特温

一个阳光明媚的午后，我一边在咖啡店抚摸一只可爱的橘猫，一边惬意地读完这本书。这是一只叫查特温的家猫选择离开家，去往复杂而危险的世界流浪的故事。我难以定义这本书的主题，你可以认为它关于冒险，也可以认为它关于成长，或者它在探讨更深的话题：存在。

在故事的一开始，查特温就决定离开家，因为他发现这不是他想要的生活，他一出生就在这个家里了，出生后被主人挑选，成为这个家庭的成员，没有人问过查特温的意见，你愿意生活在这里吗？你愿意出生不久就和父母、兄弟姐妹们分离吗？

这不仅仅是“猫生”的存在，也是人生的存在议题，每个人都是这样出生的——没有人询问你的意见，要不要生于这个家庭，拥有这样的籍贯、姓名、性别、父母、语言和文化，甚至人生开始的很多年，我们的生活不由自己选择，而是不得不融入出生之地的传统和文化。人生就是这样开始的，充满了偶然性。

随着逐渐长大，到达青春期，少年们不满足于“被决定”的命运，他们开始思考：我是谁？我要去往哪里？于是，那些生而拥有的东西——籍贯、姓名、父母、智力、财富、性格甚至性别，我们都想打翻了重来，去探索更多边界之外的世界，就像查特温一样离家出走。

很多时候，离家出走只是一种好奇、一种冲动，要做一些不同的事情、见识更大的世界，不管是去哪。于是我们就上路了。有时候，这种离家出走是带有一些怨恨和不满的，为什么我的家庭这么贫穷？为什么我的父母总在争吵？为什么我没有同学、朋友的那样一个幸福的家庭？“我要是有那样一对父母就好了”，这是许许多多少年离家出走时，内心的潜台词。他们不断求学、深造，想从导师那里寻找“更好的父母”的影子，他们在职场打拼、闯荡，想从领导那里寻找“更好的父母”的踪迹。摸爬滚打、屡遭挫败之后，人们开始怀疑，那个遥远的周末下午，我最好的小伙伴邀请我去他家里玩，在那个富丽堂皇的大房子里，我看到的那对友善、和蔼，满眼都是爱和温暖的父母，真的存在吗？还是说那一切只是自己当年的一个幻象？

不！你不愿放弃，你坚信美好的幸福生活，不仅存在于童话世界，故事总是源于生活，一定能在现实世界里找到。你开始渴望一段美好的感情，既然我的生命没有起源于一个美满的家庭，那至少我要自己建立一个美好的家庭，给我的孩子一种童话般的生活。你又燃起了希望，就像查特温听说了“猫生的天堂”，一个名叫“香格里拉”的地方，在那里，所有的饥饿和苦难都不复存在，所有的需求都可以被满足，所有的冲突都能得以平息。

你非常努力地学习、工作，和这个世界所有不公的、腐朽的、邪恶的存在去战斗，希望找到心中的“香格里拉”。这个过程充满了危险、挑战、痛苦和挫败，你可能失去同行的伙伴，或是和朋友们意见不合，不得不分道扬镳，你甚至可能遇到强大的敌人，被攻击、被驱赶、被羞辱，你默默承受着巨大的压力，但你依然坚持前行，因为有一个叫“香格里拉”的地方在等着你。这一切也都是查特温在旅途中遇到的，他见识越来越多，内心也越来越强大。可是他始终也没找到“香格里拉”。

在追逐地平线的过程中，查特温突然明白了一个悲伤的道理，“我永远也无法抵达香格里拉了”。“追逐远方的地平线”真是一个绝妙的隐喻，这就像我们的人生规划一样：考上重点初中就好了，考上重点高中就好了，考上重点大学就好了，找到一份好工作就好了，找一个伴侣结婚就好了，生一个孩子就好了……我们永远有一个关于“明天”的目标，就像查特温追逐的那个远方的地平线，可是地平线是无法被赶上的，就像“明天”永远不会到来一样。

于是，查特温明白了：所谓香格里拉，或者说猫咪的天堂，就是我曾经的家啊！那个我曾经逃离的家！一个令人安心的屋顶，让我完全不用关心门外世界的混乱。可是，查特温再也回不去了。当他历经这一切的冒险，见过世间的种种，查特温再也无法假装这个世界上，只有家里安稳的生活，只有主人的爱抚和吃不完的小零食了。他想：“我不能自欺欺人地认为一切都没有改变。”

2021 年北京环球影城刚刚开业的时候，我怀着激动的心情去凑了热闹，想要满足自己从未实现的童年愿望。我印象很深刻，在小黄人乐园的外面，在售超大个的小黄人冰淇淋，很多小朋友都哭着喊着要爸妈给买，但很多家长都不同意，觉得那玩意儿又贵又不好吃，有什么好买的。我排着长长的队伍，坚持要给自己兑现一次愿望。终于排到了，40 块钱一个，相当不便宜。不过对于而立之年的我来说，这点冰淇淋自由还是有的，一狠心就买了一个。

那个冰淇淋是一个小黄人的脸，它很大很大，比我的手掌都要大许多。我坐在旁边的圆桌上拍照，纪念我三十年的“童心”。同一桌有一个六七岁的小男孩，由爸妈和奶奶带着，在小男孩的死缠烂打之下，家长也给他买了一个。小男孩很开心，让奶奶也尝一口，奶奶小小地抿了一口之后感叹：这不就是普通的香蕉冰淇淋嘛，在外面也就三五块钱一个。爸爸接着附和起来，开始长篇大论给孩子“科普”什么叫“品牌溢价”，以及环球影城是怎么造就如此的“品牌溢价”的。我以为小男孩一副“不听不听，王八念经”的表情，他应该什么都没听进去。可是，当爸爸越说越眉飞色舞的时候，小男孩突如其来地哭了起来。这个六七岁的小男孩，被爸爸、奶奶灌输了小黄人冰淇淋背后的“全貌”（就像查特温离家出走后，见识了这个世界的“全貌”一样），他内心“单纯的快乐”，也似乎一瞬间崩塌了。我想，以后这个小男孩，再吃起小黄人、小蓝人、小紫人、小绿人的冰淇淋，应该就像三十岁的我一样，除了拍照向同学们炫耀一下，对于冰淇淋本身，也索然无味了吧。

那一刻我深刻地体会到，当人们历经千帆，了解了世界的纷繁复杂，就真的再也无法回到“香格里拉”了。

这是存在主义心理学向我们揭示的一个真相：人们都是被抛入这个世界的，没有权利选择在何时、何地，以何种方式到来。并且，人们不得不继续被“抛入现实之中”，离开熟悉的、安稳的环境。你征服一座座高山，拓宽着自己的视野，以为这样可以脱离自身的本源——贫穷、狭隘、弱小、卑微。当你做到这些时，起初可以感受到自己的力量，仿佛自己变得更加强大，但随着时间流逝，你开始变得更加脆弱，好像生命失去了厚度。你猛然意识到，人们自身的本源，那个原本的家，那个偶然，但专属于你的母亲，才是人生的“香格里拉”。可当你意识到这一切时，却再也无法回到童年，做一个妈妈的“乖宝宝”了。

但存在主义并不悲观，就像查特温发现这一切后，故事并未到此结束，他的猫生还将继续，我们的人生也是如此……当我们真正哀悼过往，并不执念于追逐远方的地平线，而是踏踏实实地活在“今天”，关注此刻的存在时，你才能真诚地接纳和喜欢你自己，这个既不那么美好，但也足够强大的自己。

心理咨询师　曾旻

2023.2.15

施蒂纳走丢了

他很可爱但性格难搞，请谨慎靠近。他似乎不大赞成我们的生活方式。

梅尔维尔

我的小可爱就像太阳一样，没有他的两天里，我的家里都好像失去了光彩。拜托了，请一定要找到他，把我生命中的微笑和光芒带回来。

另外：照片里的伤并不是我打的。

姬蒂·朗

一只有工作的猫咪。这已经是你第四次逃跑了。我们到底对你做了什么伤天害理的事？

格里扎贝拉！

我们非常担心，请在他找到我们之前找到他。

卡拉特

毛色带有黑色条纹的小可爱，我们想你。

电话：712-4210

我们对挚爱**诺曼**说了一些不该说的话，请原谅我们，快回到我们的身边吧！妈妈做了你最爱的蔬菜糊。

还愿

感谢您收留了我的爱宠绒绒。

卡尔马

一岁的时候走失，如有见到请联系电话：7198417。请不要对我们家小猫的名字冷嘲热讽。

 **咕噜** 

一半波斯血统，一半田园猫血统。尾巴极其柔软。他既没有项圈，身上也没植入标记芯片，因为我们对这些刻板规矩不太感冒。

《失踪的猫》剧组

招募脖子上带有文身的猫咪，已故的或是活的均可。目前更温顺、更有教养的猫咪演员已经找到备选。

克莱奥！

可爱又温柔的成年猫咪，蜜色的毛发，他在小花园附近被一辆车**拐走了**！现悬赏缉拿这帮无赖。

库瓦西耶

走失了，他性格温顺，有点害羞，非常爱干净。这是我六岁的儿子给他画的“肖像”。

马德莱娜

非常讨人喜爱，但无拘无束。性情如猛虎一般，喜欢咬人，尤其是孩子。在此请求大家的帮助，怎么才能让他（或者她）再次回到我的身边，我们非常想念他（她）。

此致敬礼。

电话：0181-910

天才猫咪，文质彬彬，十分有内涵。亲爱的，如果你看到了就回来吧，我们不生气了，只想让你回家。

以#**兰巴达猫咪离家出走**#词条一炮而红的**明星猫咪**。在此呼吁所有粉丝们，如果（在现实世界中）看到他，请联络lambadacat@meow.com。

悬赏30美元寻找**贵祥**暹罗猫，已绝育，在本月22日（星期一）出没于皇后区和蒙哥马利附近。

科尔内留斯

对计算机学十分热衷，只需拿一些计算机用的穿孔卡就可以接近他。他喜欢把穿孔卡啃成碎片。

嗨，我的名字叫**让·皮埃尔**，我走出家门之后就找不到回家的路了。如果你见到我的话，请帮帮我！

另外：这则启事并不是我写的，我只是一只小猫咪而已。

“电臀”

周三下午从家中离开。对浴盆和马桶盖有奇怪的嗜好。我们都很担心他的安危。请致电鲍勃：358-4098

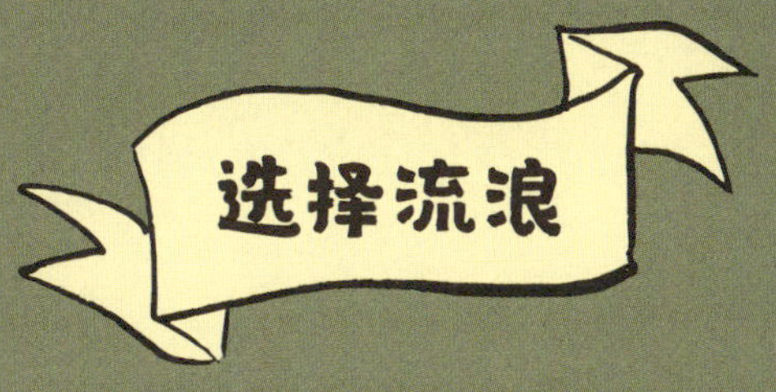
选择流浪

那些迷失方向的小家伙。
脆弱的灵魂在黑暗中游荡。

他们是家中宠物的灵魂。
有一天，他们消失了。骤然间，悲伤的主人不得不笼罩在他们离去的阴影中。

我们是一支由逃亡者组成的神秘队伍。

实际上，又有谁会关心一只小猫咪的命运呢？
凝视深渊是一个痛苦的过程。
选择忽视那些已然不可改变的事实，反而更加容易一些。

如果你愿意静下心来聆听的话，还是能够感受到小猫喵喵，小狗汪汪，鸟儿啁啾，他们在呼唤着你的名字。

欧欧——

啾啾——

不！查特温！
你不能走！

你和我们在一起不是更好吗？！

你还缺什么呢？

我们就是你的家人！

你为什么要这样对我们呢？！

不得不离开自己的家人对我来
说是十分悲伤的。

但我不能再待在家
里了。

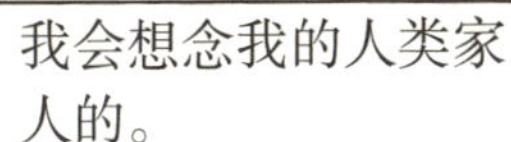
我会想念我的人类家
人的。

不得不离开你们对我
来说也是一种折磨。

唉！
猫零食
特别是你这样的孩子，对于我
来说就像是兄弟一样。

你都不好好道别。

如果你有一天变成猫咪，
你就会理解我了。

在我的记忆中，我出生的时候就在这个家了。

我还记得那个纸箱。

我甚至还记得在妈妈的肚子里，
我曾与兄弟姐妹紧紧挨在一起。
就好像是一个整体一样。

我的爸爸是一只流浪猫，而妈妈是一只家猫。
布鲁特斯
绒绒
或许正是这个原因，我和我的兄弟姐妹们都是在不安和不自由的环境中成长起来的。
迪安·福塞
克里斯托弗莱蒂
查特温
库斯托
莱卡
亚涅斯
阿梅莉亚·埃尔哈特
哥伦布
沙克尔顿
利文斯通
阿蒙森

直到有一天，几只人类的手将我们永远分开了。

一个接着一个，我眼睁睁地看着兄弟姐妹们四散分离。

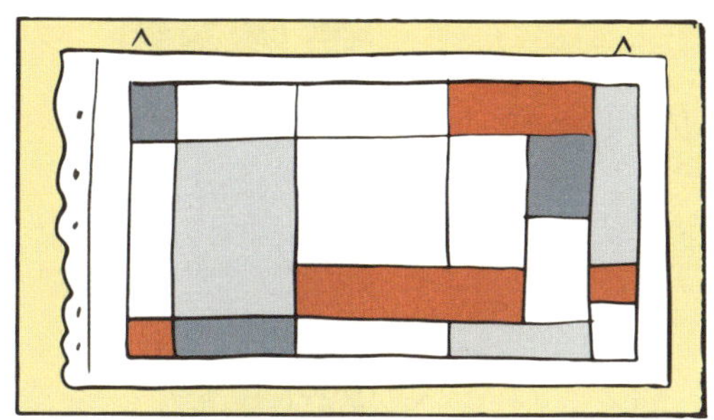

我是唯一被留在家中的猫。

我是被选中猫的吗？

还是说，我是个在巧合之下的选择呢？

自古以来，人与猫之间就达成了一种心照不宣的约定。

人类在表面上是主人。

但实际上却是仆人。

古埃及时期是我们的黄金年代。
猫被人们供奉为神一般的存在。
从那时起，就为我们与人类之间的共同居住关系奠定了基础。

牛
奶

在家中的时光相当美好，有人服务，受人尊重，招人疼爱。

嗝——

砰！砰！
放下枪！弗拉纳根！
你还是一如既往地多愁善感呢，科瓦尔斯基！
我们来生再见吧！
啊！

我存在的主要意义，就是给客人们留下深刻的印象。
啊！真是太可爱啦！
他几岁啦？
你可真是个害羞的小家伙！
真可爱！

喵喵——
咪咪——
你可真可爱！
呜！

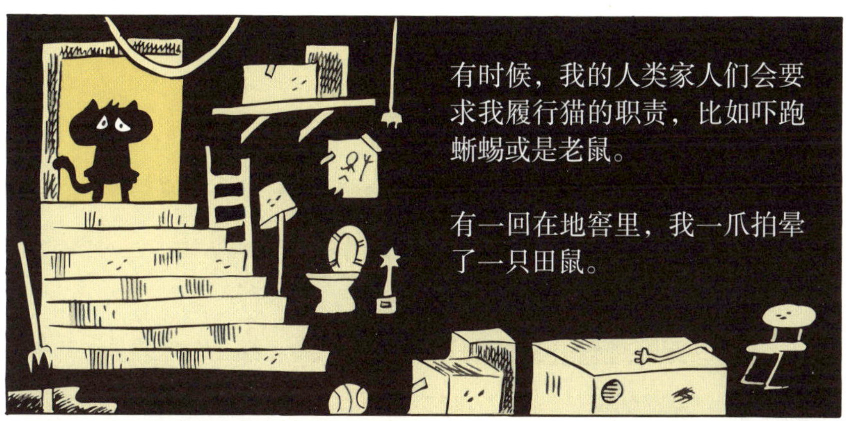
有时候，我的人类家人们会要求我履行猫的职责，比如吓跑蜥蜴或是老鼠。
有一回在地窖里，我一爪拍晕了一只田鼠。

砰！

为此我自责了一个礼拜。

在家里总是吃得很好，人类的剩饭对我来说已经称得上是帝王般的享受了！
咔嚓咔嚓
猫咪的天性赐予了我爬上厨房橱柜的天赋。
饼干
咔嚓咔嚓
我的聪明才智也让我敲开了通向食物的大门。
喵——
嘘！
猫粮
甚至在他们不允许我吃东西的时候，家中的小兄弟也会心软，递给我一些被他父母藏起来的美味。

日复一日，我慵懒地躺在地板上，
无所事事。
ZEN
FREUD
TWAIN
PROUST
CELINE
DALI
LACAN
偶尔移动身体，也只不过
是为了跟随阳光在木地板
上留下的温暖轨迹罢了。
还有比这更加幸福惬意
的“猫生”吗？

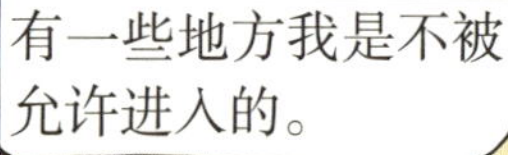

后来我才知道地图制图员究竟是一份怎样的工作！

爸爸的书房中堆满了旅行和冒险相关的书籍。

我开始学习用人类的语言进行阅读。

我开始阅读以后就停不下来了，我对知识是如此地渴望！

a b
c d

BIG NORTH

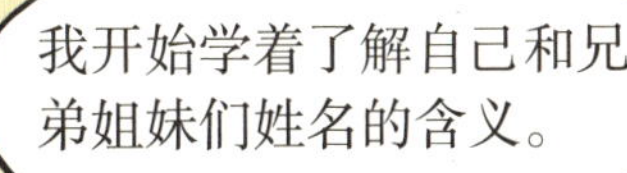

原来，在家的外面还存在着一个不可思议的世界，一切都等待着我去探索和发现。

波罗的海
阿拉斯加
刚果
GO TO
榜葛剌
SUBWAY
尼泊尔
PIRAMIDI
合恩角

蒙古
西伯利亚
白令海峡
DON QUIXOTE
ZANNA BIANCA
格陵兰岛
巴比伦
史前巨石阵
Z
MT ANALOG
SWIFT

我被这个发现深深地震撼到了！

我开始质疑自己作为家养宠物的身份。

“家养宠物”
“家养的”
“宠物”

还有比这个更荒谬的身份吗？

我最原始的精神在哪里呢？
我要永远过着猫的生活吗？

我决定从家里走出去。

我没办法知道外面的世界会
给我带来什么样的发现。
但我大概知道我将会失
去些什么。

离家出走？！你疯了吗？！

你会想念这儿的所有东西带给你的舒适和便利。

你看沙发上的小零食。
冻干羊奶棒

外面可没有小零食。

你正在犯下一个巨大的错误。

你又想去哪里呢？！

你拿这么多地图
做什么呀？

ICELAND
POMONA
PAPUASIA
Ancient Rome
ATLANTIS
爸爸知道了以后
会勃然大怒的。

IDAHO
OSLO
PERU

BABILON
MAUI

你现在后悔还来得及。

一定要离开吗？

至少穿上一件
外套吧？

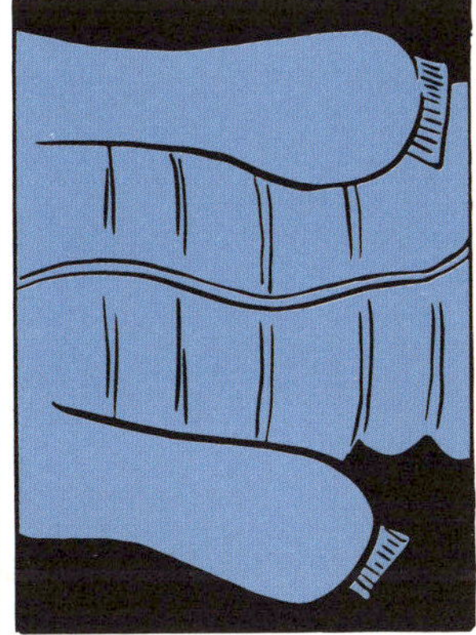

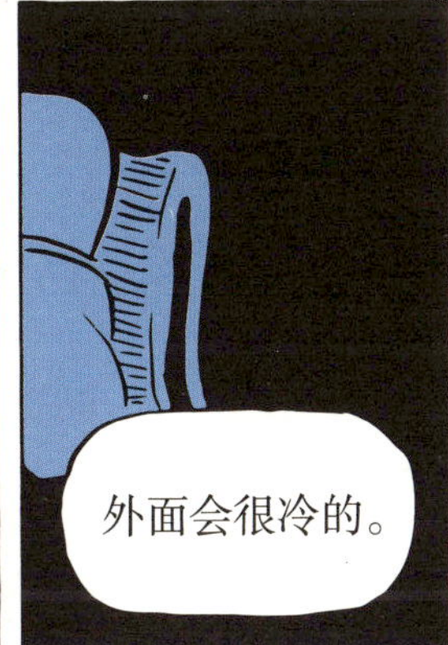
外面会很冷的。

啊！自由！

啊！大自然啊！

将我变成我原本的样子吧！

在这个世界上的我，
就像是一只牡蛎。
多亏了这些地图，让我得以蜕去他
的外壳，从而吸吮这个世界的精华！

我的进化过程是不可
抗拒的！

看哪！远处来了几个我的同类！
同是天涯沦落人，谁知道我们有
多少故事可以交流呢？！

哦！告诉我去下一个威士忌酒吧的路。
哦，不要问为什么！哦，不要问为什么！
如果我们找不到下一个威士忌酒吧。

我告诉你，我们必死无疑。

我告诉你。我告诉你。

我们必死无疑！

你有完没完？
一路上你就一直在哼这个破玩意儿，苦大仇深的！

我和你想的不太一样，杰拉！
每当福斯塔夫唱库尔特·威尔的歌的时候，就说明他只不过是在虚张声势罢了！

啊，我最终还是加入了这个世界上最无聊的团队！

再说了，为鲁道夫收保护费也没有那么令我感到兴奋。

猫在杀死老鼠时至少还能获得一些乐趣。
但这里啥也没有！只有我和两只死气沉沉的猫！哼！

唉，我们还是回城市里吧，福斯塔夫！在这里我们一事无成！
我给你买一团毛线，这样你就不会抱怨了。
等一下！等一下！

看哪，巴卡迪！
十二点钟方向有一只猫！
在哪儿，在哪儿？！

这下满意了吧老伙计，我们去好好迎接一下这只小猫咪吧！
哦，阿拉巴马的月亮，我们现在必须说再见。

和我一样流浪的朋友啊，在共同走向灵魂自由的路上相遇，是多么美好的一件事啊！
多么快乐的巧遇啊！

能够与经验丰富的探险者交流一下旅途中的故事，是多么令人感到安慰啊！
你一定是初来乍到吧，年轻人。

啊，是的！
那你也一定不知道这里归鲁道夫管。
他不知道。
嗯，他不知道。

鲁道夫是我们尊贵的守护者，保护着处在困境中的猫咪。
他为小猫排忧解难，我们三个就是他虔诚的追随者。

一切都是他的！如果太阳触手可及的话，也将会是他的！
是的！
但是我……
你甚至都不愿意给他留下一份微不足道的见面礼吗？

这个手提箱
我看就不错。
您可真是十
分慷慨啊！
不！

还给我！我
需要他！
鲁道夫将会十
分感激的！

放弃抵抗吧！
哎哟！
哎哟！
放下手提箱！
太可耻了！送出
去的礼物哪里有
收回去的道理！

我们走啦！

哦不！
我的地图！

滴滴——
呜呜——

WILL
PURR
4 FOOD

吧唧吧唧。
克莱德！快松口！

我先看到那只老鼠的！
唰——

哎哟！啊！

咻咻
咻咻
咕噜

GINO'S
吉诺餐厅

GINO'S
吉诺餐厅

走开，你这只臭猫！
砰——

Z

狗狗禁
止入内
♪
汪汪！
汪汪！
汪汪！
汪汪！
哎哟！
汪汪！
汪汪！
汪汪！
嗷！
啊呜！
汪汪！
汪汪！
汪汪！
汪汪！

我表弟就被咬了，现在他少了一只耳朵。
来点炖老鼠肉吗？
还是不了，谢谢。

你确定这个
好使吗？
当然了，蠢货！我哥哥昨天
就用他射中了一只母鸡！
用石子弹弓岂
不是更好吗？

准备好开启狩猎
之旅了吗？
呃……是
的，当然！

如果不射死一只小猫，我是不会
回家的！

来了两只！

我想要上网看一看。
古埃及的事情我还是第一次听说。

开火！
颤抖吧！小猫咪！

砰——
砰——
嗖——
嗖——

砰

你射中了一只！
哟吼！
完美一击！

明天我们继续到花园去狩猎吧！
唉，明天不行。明天我要上课呢。

垃圾桶

亲爱的，他是鲨鱼，长着尖牙利齿。
他张开大嘴，露出白森森的牙齿！他身上只带了一把小刀……

你有没有想过鲁道夫无法吃到他心爱的果酱，该有多么难过啊？

原谅我吧！是我太不懂事了！

帮帮我吧！
一只饥饿
的小猫。

小哥，你也在这里乞讨吗？
那就赶紧和其他人一样排队！

猫咪
音乐剧

谁让你来这里引诱人类的？
这是鲁道夫的地盘！他把管理权让渡给了我！
我很抱歉。

今天来的这些小猫，都竭尽全力给我弄到了一杯牛奶。

快滚吧，小猫咪！这里是我的地盘！
唉！

如果你想要入行的话，要更机灵点儿才行！

你得学会发出呼噜声！
人类都为此疯狂！

嗨！你好啊，小猫咪！
你饿不饿呀？
想不想喝一大杯牛奶呢？

你睡在大街上吗？哦，小可怜！
现在，你得救啦！跟我回家吧！

你一定累了吧？

这里有一些牛奶和饼干。

多么漂亮的小猫啊！

你让我想起了我可怜的米茨。
他们要把他从我身边带走，但我还是决定把他做成标本。

这样你就可以让他永远陪着你了。
咔嗒
现在我们开始祷告吧！

DING DING
让我们跪下来祷告！
为全世界的猫咪祷告！
我的天哪！
你们都是主的创造物！

人类全都是骗子和叛徒！

而小猫咪都是纯洁而无辜的生灵！

从现在开始，我的小天使啊，你永远不会离开这个房子！我们将永不分离！

我们永远在一起！你开不开心？

哗啦！

站住！你去哪儿？！快回来！
你的牛奶和饼干还没吃完呢！

甩卖

体育馆

里兹饭店

宠物商店

看哪，这个傻帽儿自由自在地转来转去。
可怜的家伙！

无聊死了！
我有一个逃跑计划！
哈——啊！

求助

耶！！！

我们养一只小猫吧。
PETS

20%
胡萝卜

减价 30%
€

唉！

书 店
新书上市

阅读
健身
畅销书
经典书

廉价出售

雾都孤儿

雾都孤儿

有会员卡吗?

雾都孤儿

欸，说你呢！
你去哪儿啊！
站住！

这只猫还没付钱呢！

雾都孤儿

哦，不！
看哪，看哪，这是谁来了！
那本书也是
鲁道夫的！

前面的就是我们的头儿了。
这可是你自找的，探险家！
唉！
你有没有听说过好奇害死猫的道理？
你的九条命今天可要少个一两条喽！

又是一批前来受惩罚的猫！
听着，听着，你们这些贫民窟的渣滓们！“小巷的统治者”“不幸与灾祸的王者”“污秽王座的合法继承人”“猫咪鞭笞者”——鲁道夫在此接受你们的臣服，并聆听你们的忏悔！
诸位有序列队，并将自己的罪行交代出来。鲁道夫自然会做出无情的裁决！

甘地，我们今晚又要惩罚哪些毛贼、寄生虫和奸商啊？
今天真是大有所获啊，我的陛下。

想要靠着我的财产谋生的乞丐数量多得令人难以置信！
我想这就是猫一生的宿命吧。

陛下，请原谅我的打断，黑夜就快要结束了，我们还要处决很多罪人。
接下来的这位罪人偷走了陛下的金枪鱼三明治。

你还有什么要说的吗？
饶命！陛下，饶命啊！

我当时只是饿了！我不是有意要偷走您的下午茶的！

陛下，我要提醒您，这个贪婪之徒是一名惯犯。他已经偷吃过一袋脆饼，还有各式各样的点心。
嗯……但只是尝一口！
不！

欸，欸，我亲爱的小乞丐，这就很糟糕了。你并没有意识到自身行为的严重性。

但我也明白，要让你的小脑袋转过弯来，得从另一个角度看待问题。
把他吊到最高的灯柱上。

饶命！我发誓我再也不敢了！
这我倒毫不怀疑！

啊！
咳咳！
嗝！

我亲爱的朋友！
你偷了一本书？干得漂亮！
不得不说你打动了我！
我们一起去散散步吧。

城市属于人类，而我们吸收了其中所有的暴力、恶臭和冷漠。
我们是海绵，吸收了城市所有的恶。

我们的一生就是一场争夺战，争先恐后地从一只碗里贪婪地抢食。

如今我明白了，伤害我自己的同胞是我的权利，甚至是一种责任。我不必为我的行为向任何人道歉。

我们的祖先给予了我们敏捷的身体、致命的爪子和不仁的品行。

我当然也不会为我的成功付出代价。

为什么不对这些敬畏您的忠实追随者施以些许同情呢？

同情那些不幸得罪您的可怜人呢？
啧，平庸的畜生不配得到我的怜悯！

被平民包围着，就是对我们开明之人的一种谴责。

我不是有意打断您，陛下，还有三名凯尔特猫在等待您的鞭笞。

我们不想让他们等太久。
甘地，你说得有道理。一分钟之后我就来。

不愧是我所信赖的大臣，永远充满热情。
如今这么可靠的仆人可越来越难找了。

哦，我让你感到厌倦了吧？夜晚让我变得多愁善感，你为什么不加入我们呢？
你身上的品质将会为我所用！根据你的性格，你可以自由选择当一名公证人或是刽子手。

无论如何你好好考虑一下。
毕竟杀手也可以成为一家人嘛。

陛下，我只请求您一件事。我可以拿回我的地图吗？我真的需要它们！
哎呀！恐怕已经太晚了，我的朋友！

它们早被用来温暖我们冰冷的臀部了！

古罗马

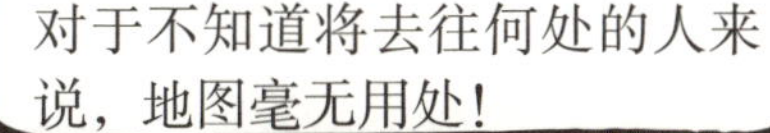
对于不知道将去往何处的人来说，地图毫无用处！

唉！

保龄球馆

公园

欸！醒醒！
是时候动身了！

哈？

这个地方不安全。

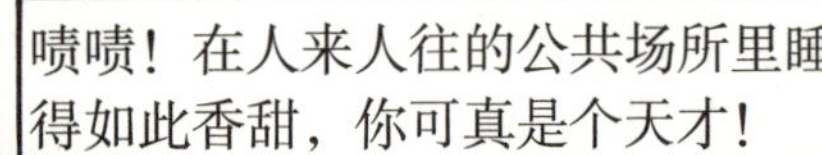
啧啧！在人来人往的公共场所里睡得如此香甜，你可真是个天才！

很快这里就满是老太太和她们那些穿着糟糕小外套的丑陋小狗了。

哦不！小狗！
哦，你现在终于恢复理智了。

人类只要稍微松开狗绳的束缚，
他们就自欺欺人地认为自己是独
立的生物了。

他会对我们造成怎样的伤害呢？

你在开玩笑吗？如果被他抓住，他就会像蟒蛇一样抱住我们不撒手了！

他在那儿！他在追我们！
咕咕！
嘎嘎！
太吓人了！

快！跳到这片篱笆后面！

砰！

咕咕？
嘎嘎？

你不会得到我们的，疯狂的奴隶主！

我曾经和一个人类小朋友住在一起，他总是把我当成他最好的朋友。

你这只客厅中的小猫又怎么明白其中的道理呢？

像你这样天真无邪的小猫是如何在这个无情而冷酷的社会中生存下来的呢？

你真的想知道我所有的不幸遭遇吗？

与家人分离，离家出走，地图丢失，哭泣，遇见邪恶猫咪唱着令人不安的歌曲，被殴打，被抢走手提箱……流浪在混乱、充满烟雾大都市的小巷，遇见声名狼藉的猫，作为无家可归的流浪者被施舍令人作呕的炖汤，争抢死老鼠，目光凶狠、歇斯底里的服务员，穿着小外套的野兽，发狂的疯狗贵宾犬，暴虐的少年全副武装射击，唯一的朋友中枪，一击致命！逃跑、逃跑、逃跑，上气不接下气地东躲西藏！我害怕人行道旁穿牛仔靴的猫咪，为猫痴狂的女人，猫咪宠物店的乱象！冲动盗窃《雾都孤儿》，绞死的猫咪，好多邪恶的猫，孤独、恐惧、饥饿……

他们在城市外面安营扎寨，
见到你一定会很高兴的！
好吧。
JOE'S

市区范围

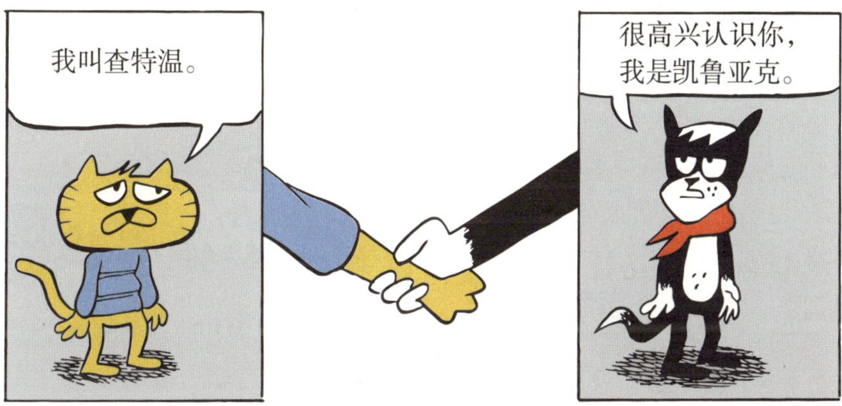
我叫查特温。
很高兴认识你，
我是凯鲁亚克。

还有很远吗？

沃尔特！他回来了！
还带着一只穿夹克的小猫。

万岁！他又一次从城市的陷阱中全身而退啦！

我跟你们说什么来着？
凯鲁亚克总能摆脱任何的困境。

这是查特温。
又一个绝望的饿鬼！
嗨！

欢迎加入我们的阵营，小查特温。

我们是一个选择住在森林里的
猫科动物族群。

荒野中的正义比扭曲的人类法律更为公正，这是多么荒谬啊！
他们是凯鲁亚克和我收留的三个流浪者。

兰迪

面条

费利佩

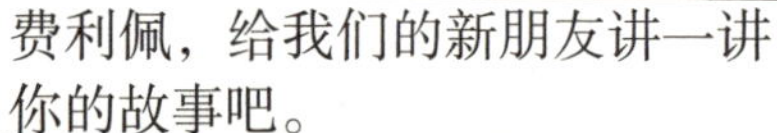
费利佩，给我们的新朋友讲一讲你的故事吧。

我的小主人想要抛弃我。

他开车带着我去很远的乡下旅行。
他中途将我放下车后就离开了。

我知道他是有意让我迷失方向，不过我对回家的路记得一清二楚。
但我还是决定不回去了。我假装迷失了方向。

我不想让他在家人面前丢脸。
重新回去对于我和他来说都是一种耻辱。

不好意思，我想要小解一下。

请问猫砂在哪儿？

哈哈哈哈哈！
哎呀呀，这是资产阶级才会有的奢侈品啊！

① 译者注：原文出自伊曼努尔·康德（1724 年 4 月 22 日—1804 年 2 月 12 日），德国哲学家、作家，德国古典哲学创始人。

人类对猫施暴的历
史由来已久。
人类惧怕我们，同时
也羡慕我们的自由。

几个世纪以来，我们一直被人类
妖魔化、被迫害、被折磨、被谋杀，
因为他们认为我们一无是处。

他们说得没错！我们生来并不是
为人类所用的！我们才不是人类
家中的电器！

当狗竭尽全力为人类服务时，我
们却在享受真真正正的、完完全
全的自由！

但是，如果我们真的如此自由的
话，为什么还是要忍受他这些长
篇大论呢？
谁知道呢！

---

① 来自俗语“fight like kilkenny cats”，死拼、两败俱伤的意思。传说1798年爱尔兰民族武装起义，德国黑森人组成雇佣军进驻基尔肯尼城。有的士兵把两只猫系在一起打斗取乐。军官来制止时，猫不见了。士兵说：猫互相咬得只剩尾巴。

② 在1730年的巴黎，曾发生过一场著名的猫类大屠杀。为了表达对苛刻学徒制的不满，两个印刷工学徒率先发难，将师父家的灰猫打死，扔到臭水沟里。随后，他们又鼓动其他学徒，将所能看到的家猫野猫一一捕获，要么活活打死，要么装到袋子里吊死，上演了一场血腥的狂欢。

不要相信人类！
即使他们口口声声说爱猫，本质上也是充满暴力的！

猫类也并非圣人。
要擦亮你的双眼。

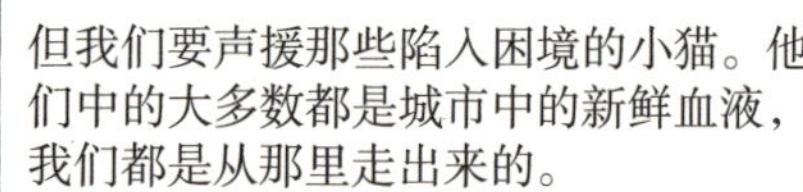
但我们要声援那些陷入困境的小猫。他们中的大多数都是城市中的新鲜血液，我们都是从那里走出来的。

你们看看查特温陷入困境的样子，多么的失魂落魄！

永远不要乘坐公交车！

即使再累也不可以吗？
尤其是当你们感到疲惫的时候！

放轻松，凯鲁亚克！毕竟我们有九条命呢，不是吗？
对九条命之说的信仰，是乐观者的避难所。
不过是鲁莽者的托词罢了。

所谓的猫有九条命是几个世纪以来根植于猫类神话中的传说。

无论真假，我都奉劝你们不要去验证。

该死！也不要让人类帮助你们从树上下来！

这是对猫类的贬低！

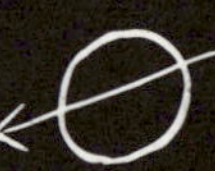
没必要去这里

这里有爱打人的人类

到这里去

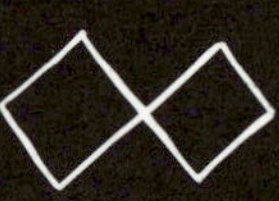
保持安静

毛线球

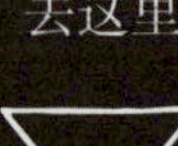
充满流浪猫的街道

不安全的犯罪场所

对温柔的女人发出呼噜声

可以流浪

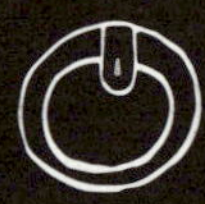
金枪鱼罐头

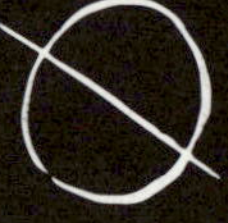
好走的路

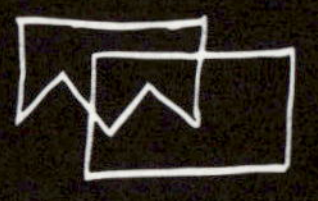
不好客的地主

房东

邪恶的猫咪狩猎者

宠物笼陷阱

保姆猫

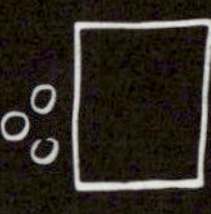
小饼干

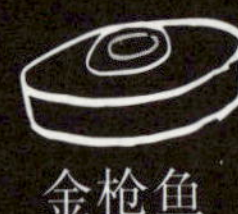
金枪鱼鉴赏家

鱼

食人鱼

在这里

喵

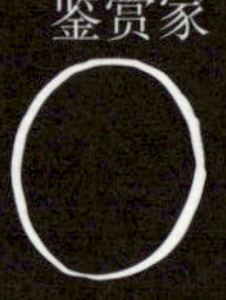
空无一物

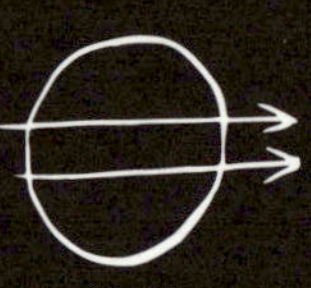
快逃！

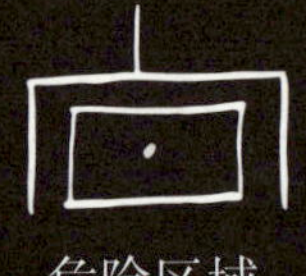
危险区域

武装人类居住此处

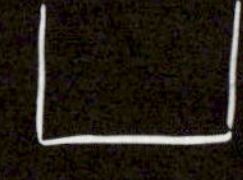
可以在此处露营

新鲜水源

流浪猫不友好

给予抚摸

这套标记体系，用于警告后来的流浪猫。

拉蒙

被一群醉汉装进了袋子里。

公主

被人类家庭压榨，拍摄网络视频。

米洛

食用变质饼干导致食物中毒。

黑洞

深夜遭到没开车头灯的汽车撞击。

查伦

在文学社团的打架斗殴中遭遇踩踏事故。

小邋遢

小巷中遭到儿童团伙杀害。

赞德

被关在猫咪精神病院中。

亚内兹

在环路上遭到撞击，肇事司机逃逸。

饼干舰长

与猫咪走私者的船只相撞。

奥斯卡

因参加猫咪展会造成了神经衰弱。

多莉

被迫拍摄猫咪日历。

肉桂

养在客厅中的猫咪，在暑假旅途中遭到遗弃。

雪莉

被奴役和剥削，在餐馆充当洗碗工。

灰灰

尾巴被轰隆作响的洗地机夹断。

多诺万

因使用猫用防窒息塑料项圈窒息而亡。

萨克·马索克

对猫毛过敏。

标记一个地点。
我们在树干、石头和低矮的墙壁上刻上符号。

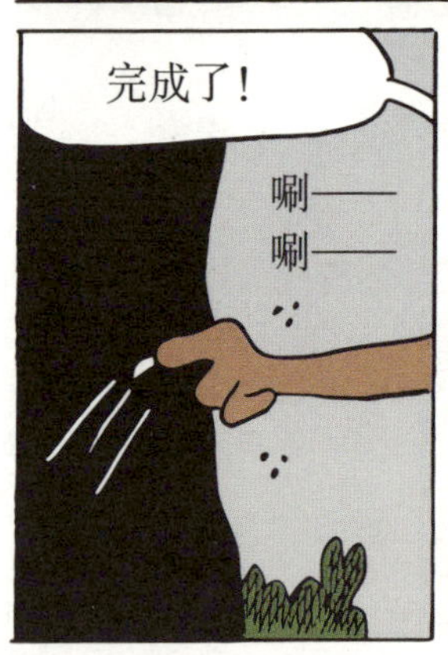
完成了！
唰——
唰——

这种文明形式是为了防止我们的同类重蹈覆辙，并陷入同样危险的境地。每只猫都为此做出贡献。

我们甚至为素未谋面的猫留下了信息，他们迟早会发现自己早已踏上了我们的足迹。

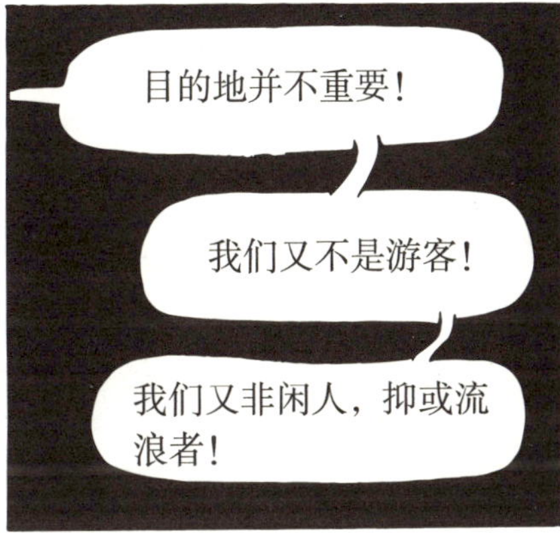

① 原文出自古罗马哲学家圣奥古斯丁的名言。

① 古希腊哲学家赫拉克利特的名言，他认为万物都处于不断的变化之中，持对立统一观念。

人不能两次踏进同一条河流。
但你可以明确地说，曾经他强迫了我，这次他们不会再欺负我了！

这对你来说可能会很奇怪，但处在迷途中可能是了解你自己是谁的最好方式。

但凡事都有不好的一面。
这种漫无目的的流浪可能会令人害怕。

在行走中就意味着离开所有的确定性，离开我们所爱的人，还有我们所热爱的地方。
仿佛没有了退路一般。

你愿意将一切抛诸脑后吗？

W.W.
猫薄荷

日子过得很惬意。

Z

我想我找到了全新的家。

他也是我们家庭的一员！

我们要把他带回家！
亲爱的，我们可能很难再找到他了。

我马上准备传单，到时候贴满整个城市！

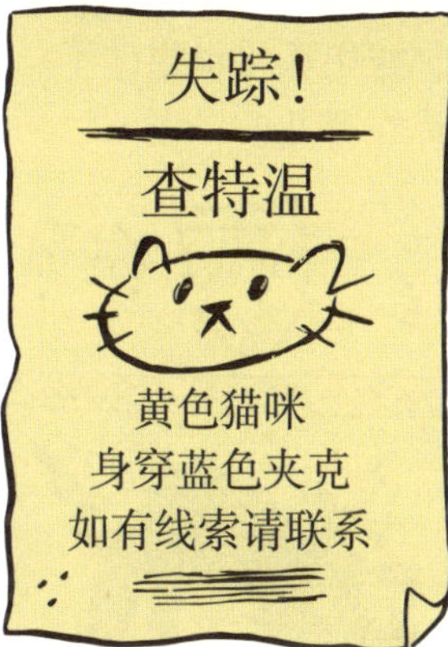
失踪！
查特温
黄色猫咪
身穿蓝色夹克
如有线索请联系

我们再考虑一下。

重新养一只小猫岂不是更方便呢?

呃！

好吧，好吧，我现在就去复印店！

“布丁”

带有花纹的雄性猫咪，在25号国家公路走失，无项圈，状况良好。

世界上最美丽的宠物猫。从家中离开后再没有回来。我们很想念他，请尽可能在圣诞节假期找到他。
右耳上方有疤痕。
电话：562–244098
随时接听来电。

“琼尼”

星期一的时候走丢了，是一只丑陋的、笨手笨脚的、不能自理同时又傲慢的流浪猫。他患有瘟热，身上有癣，同时非常排外。我甚至至不知道为什么要写下这则启事。

你们见过我的猫吗？！

电话：3745406262
请帮帮我们！
我们都很难过！！！

温布尔顿

你在哪儿？你是我们心目中的王牌，现在进入网球决胜局了，你甚至连招呼都没打就把冠军让给我们了。回家吧，你姐姐沃雷也想你了。你在哪儿？

卡尼古拉

极其温顺，极少情况下会发动突然袭击，请谨慎接近。
有线索请在用餐时间致电珍妮弗：
716–322–739
电子邮箱：
Jenny@catlady.com

埃尔维斯

从大楼离开后就不见了。非常友好的暹罗猫，急需药物治疗。如有线索请联络622–4911–38。

失踪猫咪

墨菲

拜托了！快帮我找找他吧。做这个启事我可是费了不少工夫呢。

茜茜

我们亲爱的小公主在女儿的成年派对上走丢了。在此呼吁一下各位同学检查一下你们父亲的车里有没有他的踪迹。

“比尔·盖茨”

养在办公室中的猫咪，昨天他从我们公司离开之后就再也没有回来过。如下是展示我公司员工伤心程度的饼图。

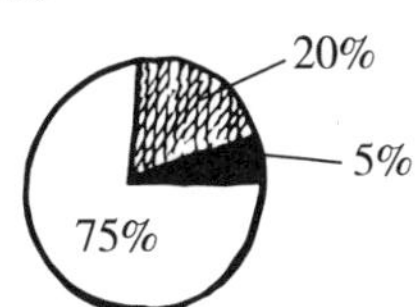

75% 漠不关心
20% 非常难过
5% 拒绝表达自己的感受

白金汉爵士

耳聋的年迈缅因猫，牙齿都掉光了。历经伦敦大爆炸和 1929 年华尔街股市大崩盘都得以幸存下来。请帮我找到他。

电话：426-1118-2696

老白金汉

失踪的猫咪

在飓风期间失踪
姓名：扎克
毛色：灰色条纹
特点：他坚信自然灾害是一种上天的惩罚
电话：4648394822

纳尔逊失踪了
由于治疗原因戴着锥形项圈。请尽快找到他，马上就要下雨了。

叙泽特 

性情温顺，喜欢甜点和羊毛线团，掌握着一些政府机密。如有线索请联系五角大楼。

令人担忧的猫咪入侵

如您在地下室中发现 44 只猫咪的踪迹，请尽快电话联络相关社会部门。

国际知名反派的宠物小猫遗失，如未找回，他将摧毁欧洲任意一个重要的首都。

他们一定会留意到的。

这个城市里有这么多遗失的小猫咪。
说不定他们在城市边缘有一个共同的去处。

可怜而无辜的小家伙们啊！
在充满陷阱的世界里无依无靠。

这简直太疯狂了！我在这个城市生活了很多年，从来没有注意过这面墙，还贴着这么多失踪的小动物！
BOB
HELP!
CALL
HAVE YO
PLEAS
FUFFI
SPARITO
BABY
MISS!
CHAT
BRITNEY
tel
LOST
SIAMESE
RAMON
DARCY

这就真切地发生在我们的眼皮底下。
CAT
MISSING
PABLO
LOST
REWARD
正是因为与我们毫不相干，所以就没有关注过。

现在我们也因为丢了猫咪而感到焦虑了。
HELP
MISS!
Chat
我们也身处于这个隐蔽的信息网络中了。

有时候需要一个契机，我们才会睁开双眼。

爸！妈！我们给这个人打电话试试看吧！

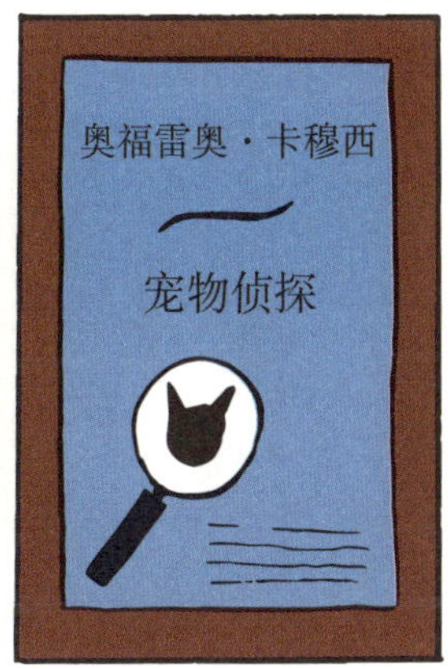
奥福雷奥・卡穆西
宠物侦探

就这么说吧，至少我们不用交税。

嘿！探险家！这儿有一个疯狂的家伙，你应该认识一下。他正在说一些疯话呢！

我说的都是真的！全都是卡伊罗·蒙泰诺泰的原话！
卡伊罗万岁！再跟我们说一说给我们小猫咪的应许之地的事！

他在遥远的东方。

有一个猫咪统治的国家。

那是一个只有纯洁的灵魂才能够抵达的国度。

是猫咪的香格里拉①！

① 人间乐园的意思。

一个饥饿、痛苦
和苦难都不复存
在的天堂。
在那里只有荣
耀，可以无限
地休息，有取
之不尽的免费
零食。
任何需求都会得到
满足。
每一个冲突最终都
会平息。

你竟然相信了这一番疯话？好样的！
这是一个启迪！现在我知道自己注定要做的事情了。

我觉得这是我必须要走的道路！我好像终于找到“猫生”的方向了。
好吧，拜拜！

啧啧！我受不了他们的规矩了！他们就好像什么都知道一样！
虽然他们都很喜欢我，但我必须要打破这些规矩了。我要走自己的路了！

如果我想要逃回城市去找人领养，我可以自由地做出这样的选择，不是吗？
重点在于，即使是遵从他们定下的规矩，我们也应该都是自由的猫咪，不是吗？
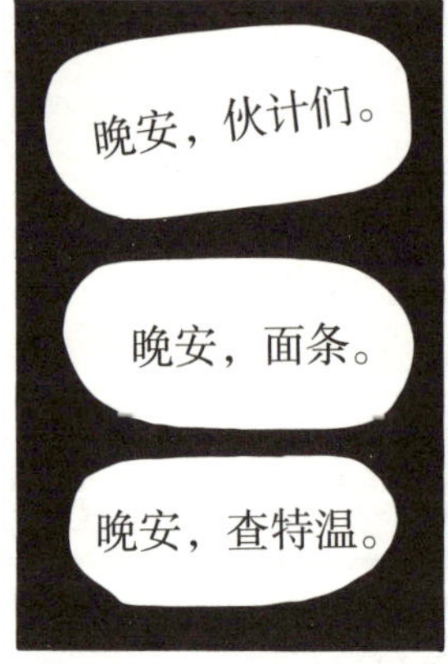
晚安，伙计们。
晚安，面条。
晚安，查特温。

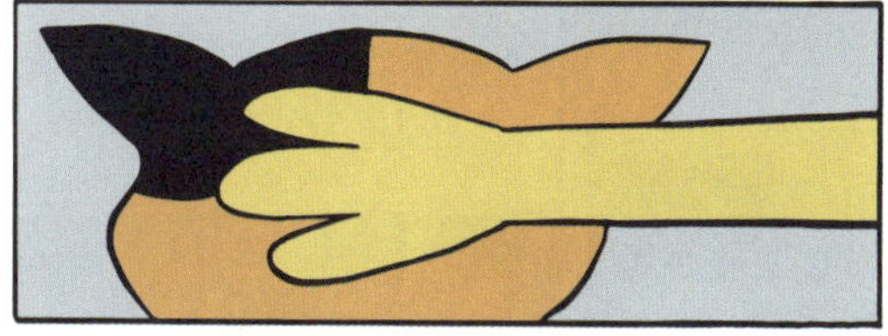

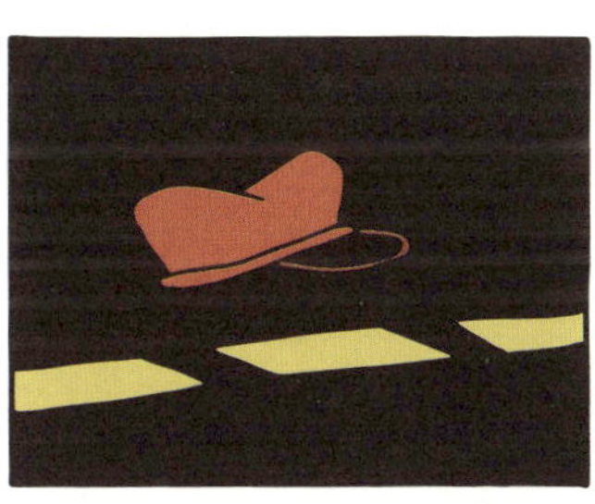

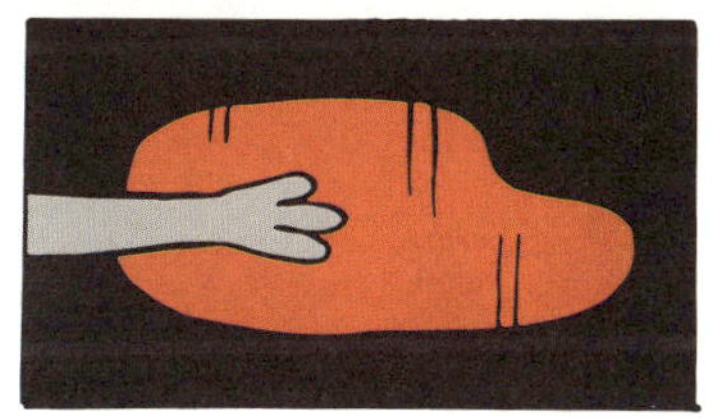

宠物侦探是一个做事非常严谨的职业。

① 克里斯托弗·马洛，英国诗人，剧作家。部分历史学家相信马洛曾作为伊丽莎白女王的侦探首领，进入欧洲的天主教学校打探风声。

找到一只丢失的小猫，就
像从坟墓中找寻活人一样
不易。

让流浪的小猫找到一条归家的路吧！

在黑暗中发光的眼睛，还有什么
比这更加令人恐惧？

这是一项艰巨的任务，但又是必须要
经历的。

一旦踏上了这条道路便无法回头。

像疯子一样重复投入无用的事业中。

片刻的感激之情过后，他们便再一次迷失了。这就是他们的本能。

他们会再次犯同样的错误，而非从恐惧中吸取教训。

猫天生就会闯祸。
犯错是人的本性，而固执则是猫咪的天性。

一切都将永远持续下去，在失去与复得之间无限循环往复。
直到不可避免地被这块责任的巨石压垮。

大地就是我的身体，我的头脑在星辰之间。

哦！兰迪！

由于某些荒谬的原因，你成了这些天真的傻瓜的领路者。
你让他们处于危险之中。

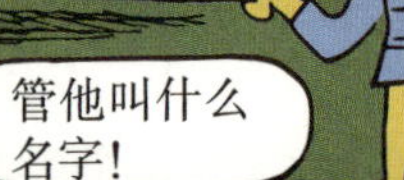
你还是认为应该找寻猫咪的瓦哈拉吗？
香格里拉。
管他叫什么名字！

是的，我坚信那就我的使命。所有的小猫都应该找到“猫生”的追求！

你少在那儿扮演救世主了！
你曾在垃圾桶旁边生活的落魄模样我又不是没有见过！

面条，不要害怕！我到香格里拉之后，一切都会好起来的！

我到时候会给你寄明信片的，这样你就可以联系到我了。

查特温，每个人都会有吃不完的小零食，这是真的吗？
还会有金枪鱼罐头，对吗？
查特温！你看什么呢，看得这么出神？

wanted
失踪！
查特温
黄色猫咪
身穿蓝色夹克
LOST CAT
tel

查特温！快跑！

捕猫人来了！

站住！我是你们的朋友！

别跑！

快跑，面条！

砰！砰！
嗖——
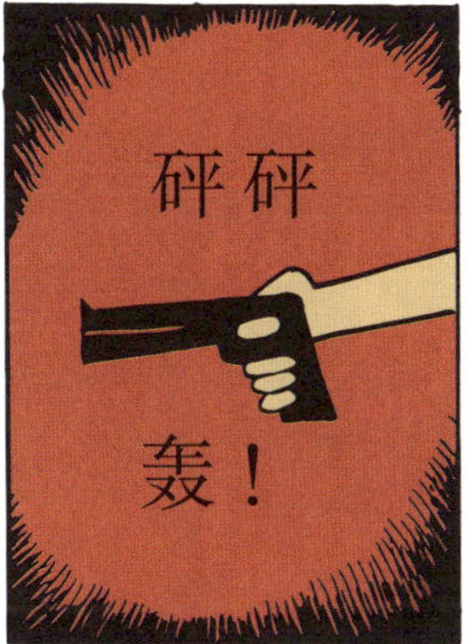
砰砰
轰！

孩子们！放下武器！
砰砰！

这里有一个穿着蓝色紧身衣的家伙！
射击！
哇哦！
价值一千点！

真是一帮小混蛋！
嗖——
砰！
砰！
嗖——

他们可算是走了！
快点，面条，我们快跑！

抱歉，查特温，我绊倒了。

大地就是我的身体，我的头脑在星辰之间……

最优秀的人总是最先离我们而去。
我的一事无成倒成了一种幸运。

你还没有对那愚蠢的小猫天堂之旅死心吗？

我更加坚信我一定要抵达猫咪的香格里拉，这是我命运地图上的基准点。

但同时我也明白了一件事。
我只能一个人完成这个朝圣之旅。

没有任何猫咪是一座孤岛！

Z

查特温！
醒醒！
我们很想念你！

回家吧！

① 歌词出自 Kiffness 所创作的歌曲 *Big Billy*。

我们正尝试着在猫薄荷云雾中消解烦恼。
希望一切恐惧都能烟消云散。

你们并不知道什么是真正的恐惧。
闭嘴，查理！

你就好像一张坏掉的唱片一样！

人类之所以会和动物一起生活，是为了训练狗，从而杀死猫咪的。

“前我失丧，今被寻回，你丝毫没有隐藏自己的铁石心肠。”

……所有顾客的关注都让我感到担惊受怕，于是我逃离了猫咖啡馆。我曾用偷渡的方式，跳上货运列车环游世界。我遇到过真正绝望的人，也见识过肆无忌惮的无赖。我去过的每一个城市，只要你微微笑一笑，就会受到热烈的欢迎。朝三暮四，这就是人类！

我喜欢月亮。

在猫的神话中，他是一个巨大的金色绒球，是由示巴女王吞吐而出的。他为夜间行进的猫咪指引着通向香格里拉的道路。

你相信猫有九条命吗？

有一些说法说的是，每一条命都是我们本可以选择过的另一种生活，但其实我们永远都不会了解到。

还有另外一些说法是，这九条命避免了我们的死亡，但我们无法知道已经用了几条。
我们也不清楚究竟多少条命之后才会抵达死亡的终点。

啊！我们真的是神奇的生灵啊！
怎么可以对我们如此残忍呢？
Z

我可不能把她卷进来。

会有一些可怕的事情发生在她的身上的。

永别了！达尔玛。
Z

咖啡店

看哪！是谁又回到了城市呀！天才猫咪又回来啦！

你终于找回理智了吗？
恰恰相反！

我即将踏上一场更为重要的旅程了！
真是冥顽不灵！
真想狠狠地揍你一顿！

我嗅到猫咪的气息了！
奥福雷奥·
卡穆西
我的鼻毛都在发颤！

他们在这
儿呢！
小巷中的混战！

你这个金毛空想家！
砰！

不许再嘲笑我的使命了！
咚！

哎哟！
哐！
当！

没有人能够阻挡我前往香格里
拉的脚步！

哈哈哈！
你赢了，傻瓜！
事实上，我对
你这样的呆子
和自大狂还是
挺有好感的！

哎！查特温！
我是来救你的！

快跑，蠢货！我来掩护你！

喵——
哎哟！

上车，你这个小恶魔！
快跑啊，查特温！
快去追寻你那荒唐的梦想吧！

反对人类，反抗社会秩序的暴政！
砰！
奥福雷奥·卡穆西
猫咪万岁！

当你尝试着拥抱一只猫，你会发现自己的衣服上布满了抓痕和猫毛。

呼呼！

呼哧呼哧！

吁！

噗
噗
噗

你确定吗？
我的道路将我指引到了那个地方。

那么祝你旅途愉快！
当你一无所有的时候随时给我们寄明信片。

你就这么放他走了？他并不想流浪，他甚至还有一个要去往的目的地！

这与我们的哲学是相违背的！这完完全全是错的啊！
你不知道，费利佩……

……从深层次来说，流浪和错误是非常接近的。

我又一次孤身一人，踏入未知的世界！

我必须承受所有的艰难困苦。
没有什么能够阻挡我的决心。

也许正是这些不幸，令我实现了最为梦寐以求的目标。

如今我可以将这些阻碍看作我启蒙之路的开端。

我也确实变得比以前更聪明、更敏锐了。

香格里拉！
我来了！

当然，冒险也有不便之处。
呼哧！
呼哧！

唉！好累啊！
希望我抵达香格里拉的时候,外表看起来还算得体！

旅途的疲惫让休息的时光更加愉悦了。

就连最初的开拓者也会休息一会儿的，不是吗?

这是英雄的午睡。

Z

查特温！你在干什么呢?
我们都等着你呢！

独自旅行的过程中，寂寞会悄悄潜入你的灵魂。有时还会伴随着失去动力的风险。
这说的当然不是我！
我找到了一个可以一起玩的朋友——
地平线。

就好像两个朋友，我想要追上他，他却一直遥遥领先。
哈哈！
追上你了！

他是个爱运动的朋友，当我停下来休息时，他也会停下来等我。
明天见！我的朋友！

他鼓舞着我继续前进，同时也鞭策着我，让我能经受得住旅途的疲惫。
唉！
你的脚是不是也很疼啊？

旅途日记：今天一大早，地平线就心情不佳。

现在他不再和我说话了，他背对着我，也不像往常一样会让我先跑几英里。
唉！
等等我呀！

这个游戏已经没意思了。
唉！

地平线是一位不可战胜的马拉松选手，他一开始就决定让我甘拜下风了。
即刻购买！

当我最终抵达香格里拉的时候，我一定要跟他攀谈几句！

同时，明天我就开始往回走，绝不让他心满意足。

突然间，我就明白了一个悲伤的
道理。
我永远也无法抵达香格里拉了。

所谓的香格里拉，或者说猫咪的天堂，就是我曾经的家啊！
查特温
就是我曾经逃离的家啊！

一个令人安心的屋顶，可以让我完全不用关心门外世界的混乱。

但我现在却回不去了。

有了我所看到和经历的一切，我怎么能够回去继续假装这个世界只有爱抚和小零食呢？

我不能自欺欺人地认为一切都没有改变。

…

① *Maramao perché sei morto*？是由Mario Consiglio和Mario Panzeri在1939年创作的歌曲，讲述了家人对小猫马拉马奥的死的绝望，他们想知道这样的悲剧怎么会发生在一只拥有舒适生活的小猫咪身上。

餐馆

♪马拉马奥，马拉马奥♪

♪马拉马奥，马拉马奥

♪猫咪齐声合唱♪

♪喵喵喵喵喵

咚咚
叮铃铃
叮铃叮铃
叮铃
叮铃
喂？
……
查特温？

搭便车对于猫咪来说并不是一种理想的做法。
根据一个逻辑悖论，只要猫咪上了车，就可以认为他同时处于活着和死亡两个状态。
只有下车的那一刻，我们才知道以上两种情况中哪一个将会成为现实。

汽车停下了，发动机还在运转。

我又一次打破了猫类生存法则。

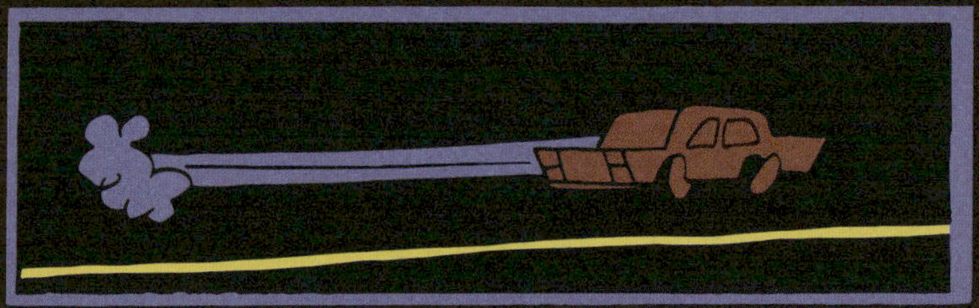

汽车的前照灯将黑暗劈开。

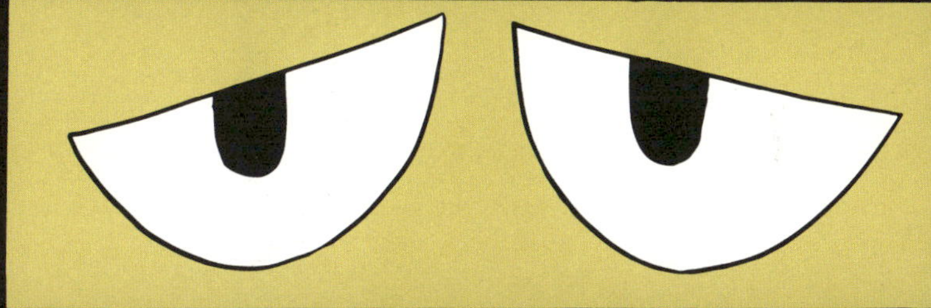

没有回头路了。

失踪的猫

查特温

沃尔特

凯鲁亚克

鲁道夫

面条

兰迪

费利佩

甘地

达尔玛

奥福雷奥 · 卡穆西

人行道上的猫

福斯塔夫

巴卡迪

杰拉

卡洛斯

因拒绝做绝育手术而逃出兽医诊所。如果你遇到他的话，请谨慎靠近。他极其偏执和好斗，我们不清楚其中的缘由。

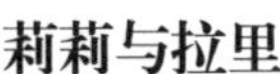

莉莉与拉里

我们的猫莉莉和邻居家的猫一起私奔了。请将他们带回到我的身边，单独带回来也没有问题。

网络明星猫咪从周五失踪。请快点找到他，因为我们公众号的热度已经开始下降了。

亲爱的**乔丹**遇到了神秘的危机后选择出走。请看到他的人向我们提供有关他健康状况的消息，我们只是想知道这些猫砂是否能出售。

辛巴

猫咪展会的多料冠军。他的失踪让我们深感焦虑，特别是对失去各种奖杯和奖牌感到焦虑。

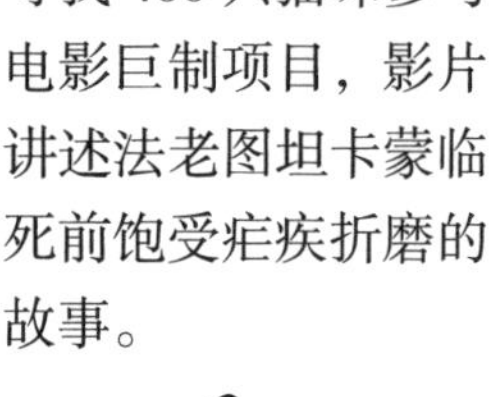

寻找 400 只猫咪参与电影巨制项目，影片讲述法老图坦卡蒙临死前饱受疟疾折磨的故事。

星巴克

对咖啡十分着迷的斑点猫。昨天由于咖啡因摄入过量，他把沙发撕坏了，还弄得到处都是污渍。快回家吧，我亲爱的玛奇朵！

电话：452-323-001

我们已经对找回猫咪失去了信心。如果您找到他，请在用餐时间致电 565-479，其他时间请在语音信箱中留言。

布甘维尔

你已经深深地扎根在我们的心中，现在你却将我们从你的生活中连根拔起。不要再逃避自我了，最重要的是要有羞耻心。我们都很爱你，你不会觉得羞愧吗？

绒绒将军

看门猫咪，主要职责是发出呼噜声和享受人们的疼爱。从昨天开始，他就无限期休假了。将军，快回基地吧，我们都很沮丧。

罗塞塔

她离家出走了，请帮助我们在她最喜欢的地方找寻她的踪迹：古根海姆美术馆、史密森尼博物馆、罗浮宫，还有楼下的烤肉店。

寻猫启事

很温顺的猫，很容易受到惊吓。项圈上带有小纪念章，身上有斑点花纹。如果找到的话，将他送回来就再好不过了，因为我们对猫毛过敏。

我们深爱的**鲍里斯**已经无数次从家中逃脱了。他身上带有芯片，我们怀疑他是克格勃间谍。

这是我们发现他在抽屉中翻找东西的场景。

遗失！

奥伯伦

在一次魔术表演中，他不见了。快让他重新出现在我家里吧，阿布拉卡达布拉！

鲁道夫

奶奶的爱猫。你是我微笑的源泉。回家吧，我做了你特别爱吃的金枪鱼馅饼。用你的爪子为我人生中最后的几个冬天带来温暖吧。

编者的话

没有通往幸福的路，幸福本身就是一条路

读者朋友，你好，很高兴你翻开了这本书。虽然我是本书的编者，但我很想作为一名读者和你分享一下我对这本书的感受，我也很期待在网站上看到你的评论。

作为一个北漂，我第一次读到这本书的时候就很喜欢，喜欢作者的画风，凯鲁亚克式的流浪，我也觉得查特温的经历和我的成长过程很像，我不敢说查特温比我勇敢，但是他肯定比我坚定。为什么这么说呢？我每次遇到困难，第一反应绝对不是我要克服、要战胜，而是“谁可以帮帮我”。故事中的查特温，虽然在路途中交到了朋友，却没有依赖他的任何朋友，总是选择独自出发。我是一个很没有安全感的人，或者换一种说法，我是一个内心有很多恐惧感的人——我总是会担忧，担忧自己不够

聪明、漂亮、有能力，也担忧自己做不好事情、在乎的人会离开我，害怕事情没有解决方案，也经常会对未知与时间的流逝感到恐惧。我很羡慕那些有安全感的从容的人，因为他们战胜了内心的恐惧。反正，我既不乐观，又不自信，不过我揣摩着我 90% 以上的朋友和同事会用相反的描述来评价我。

成年人总要学会掩饰自己的脆弱，内心愈是孤立无援的时候，反而表现得愈发勇敢；愈是想求援，愈是逼着自己靠自己去解决；愈是担忧自己的不足，就愈发努力，所以总是“貌似很积极、很优秀”。可惜我只会以此来应对内心的恐惧，而不是不恐惧。很多时候即便事情的结果很好，我也总会有一种“这不是真实的我”的感受，可以说是典型的心理学所说的“冒充者综合征”。

在我看来，这是一部反乌托邦式的作品，很像赫胥黎的《美丽新世界》：“我不要舒适，我要上帝，我要诗歌。我要真正的危险，我要自由，我要美好，我要罪恶。”很巧的是，查特温在家的时候，也从爸爸的书房抱了一本赫胥黎的《众妙之门》（又译作《知觉之门》），最近出版界的前辈慕云五老师还曾推荐我读这本书，读罢觉得也是非常有意思的一本书。好吧，回归正题。

我一开始觉得这个故事怎么说也称不上“喜剧”，只是教会我们接受现实，教会我们在跌倒的时候不去以逃避畏缩的心理走上所谓的回头路，不要留恋所谓的有人保护的舒适区，因为人都是要学会独立的。故事中，查特温离开了爱他的主人，选择流浪，本来志在寻找属于猫咪的应许之地“香格里拉”，那是一个饥饿和苦难都不复存在的天堂，所有的需求都可以被满足，所有的冲突都能得以平息。为了抵达香格里拉，他是那样努力地和地平线赛跑，甚至去在乎当他到达的时候自己的衣着是否得体，他是那么的虔诚，却在走了很远之后突然明白了那个悲伤的道理——他永远也到不了香格里拉了，所谓的香格里拉，正是他曾经想要逃离的家。而他已经不可能回家。经历了外面的一切，他再也不可能去假装这个世界上只有爱抚和小零食了。

这个过程其实是一种隐喻，是很多人的成长历程。年少的时候，我们总觉得未来有无限的美好，有各种可能性，对在未来的人生中实现自我的价值充满着期待，当我们走入社会的时候，才体验了梦想和现实之间的落差，我们会发现我们本来所追求的东西不存在，会发现很多我们以为的等式不成立，比如我们会发现不总是“努力 = 回报”，也不是“付出 = 被爱”，更没有什么“承诺 = 永恒”，甚至没有“成功 = 幸福”。很多时候我们会发现长大是一个幻灭的过程，正如我们不能阻止自己长大，我们也无法阻止幻灭的发生。但比幻灭本身更可怕的是迷茫，我们会在旧有的价值观坍塌之后，不知道如果世界上没有香格里拉，我们将要去往何处？如何才能不被平庸、没有目标感、自我怀疑压倒？

查特温走了那么久，发现他的目的地不存在，还有比这更糟糕的事吗？他岂不是白走了吗？他代表的是一个怀揣梦想出去奋斗，发现自己永远实现不了梦想，然后变成了《平凡的世界》中的孙少平的人吗？我后来才发现不是，真的不是。

重新去读这本书的时候，我突然发现自己理解错了，查特温的朝圣路没有白走，也从来没有真正地迷失过。

我发现查特温刚刚离家的时候，许下的愿望并不是去到香格里拉，而是：“大自然，将我变成我原本的样子吧！”他离家时也从来没想过自己会得到什么，只是大概知道自己会失去些什么。虽然他失去了安稳，但是他找到了自己。

从这个层面来看，这个故事对于查特温来说绝对不是一个悲剧。他拥有过香格里拉，也身体力行地找寻过“当我无所依靠，我自己能成为什么”的答案，他认真地对待过自己的精神世界，也努力过去学习从一只家猫变成一只失去家人的猫所必需的生存技能，他不再是一只有壳的牡蛎，而是一个可以“无论好坏，我都要做我自己”的真实的存在，一个通过自己做出选择，并愿意承担这个选择带来的后果的、为自己的独立感到自豪的存在。这难道不是他离家的时候真正想要的吗？查特温没有从物质上得到比家里更好的东西，他尚在途中，没有目的地，未来有什么在等他，也尚未可知。他追寻的过程，更接近信仰。独立再难，也好过当一个寄生者的感觉，也好过成为一个没有追求的虚无的存在。查特温的故事书写的是一个只有一点儿悲伤的喜剧呀！

在本书出版之前，我邀请我两位年长的朋友试读了，他们大约是确实在不惑之年做到了不惑，所以对这个故事自身的代入感较弱。而不是像三十岁出头的我一样，在查特温的状态里兜兜转转很多年：在失去与复得中反复寻找。其中一位有女儿的朋友，担忧地对我说，如果我女儿长大了，我不能再保护她了，社会那么复杂，她遇到欺负她的坏人、骗子怎么办？他说这本书应该给他女儿看看，我说：啊？是要提前预告一下世界上有坏人吗？另一位朋友的儿子正值青春期，就是那种“父母的话没有一句是对的”自我意识萌芽的阶段，他也说这本书一定要给他儿子看看。我说为什么呢？他说：这个故事里有很多东西，可以让孩子懂得追求自由也是要付出相应的代价的，社会上没有比学校里好，要懂得自己并非全能，学会做一个谦卑的人，珍惜学习的时间。很明显，我这两位朋友也和我开始一样，认为这委实不是一个喜剧故事。不过我想，这或许都是“大人的看法”，说不定在孩子的眼里，会读到其他不一样的东西，或许会觉得查特温离家、追求自由独立的勇气对于他们来说更为珍贵。

最后我想说的是，这个故事奇迹般地让我从一个“只会应对恐惧，而不是不恐惧”的人，变成了一个学会放松下来、不再那么患得患失的人，因为过去的我也太想要去到一个“香格里拉”了，我也突然发现了一个悲伤的道理：那是不可能实现的执念呀！人怎么可能做好所有的事，怎么可能没有坏事发生，又怎么可能只有坏事发生呢？查特温选择了生命本来的样子，那么我也要有这样的勇气。我已经有了。我发自内心地喜欢这个故事，也很高兴我作为出版人有机会把它分享给你，只因现在我懂了：没有通往幸福的路，幸福本身就是一条路。

喵